幼兒全方位智能開發

3-4歲

U0114801

常識篇 季節和天氣

園丁文化

春天來了

● 以下哪幅圖是春天的情景？請在正確的 ☐ 內加 ✔。

1.

2.

小朋友，你喜歡春天嗎？試説一説。

答案：1

花兒長出來了

● 春天到，花兒長出來了。請按花兒生長的先後次序，把代表圖畫的英文字母填在 ☐ 內。

A.

B.

C.

D.

 → → → →

答案：C→A→D→B

3

錯在哪裏？

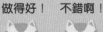

● 小新畫了一幅春天的圖畫，但畫中有一個情景卻是冬天才會出現的，
請把它圈起來。

：案答

4

春天的天氣

● 下面哪幅圖畫是描述春天的天氣呢？請在正確的 ☐ 內加 ✔。

1.

☐

2.

☐

3.

☐

在春天，你喜歡跟爸爸媽媽進行什麼活動？試說一說。

答案：1

5

夏天的物品

● 下面哪些物品和夏天有關？請在正確的 ☐ 內加 ✔。

A.

☐

B.

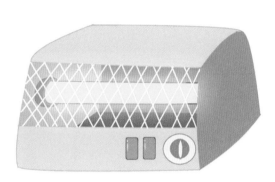

☐

C.

☐

D.

☐

在夏天，你家中還會用到什麼電器呢？
試說一說。

答案：A、C：參考答案：冷氣機、雪櫃

6

到沙灘去

● 暑假開始了，小明要到沙灘去游泳，請把他需要帶的物品用線連到他身上。

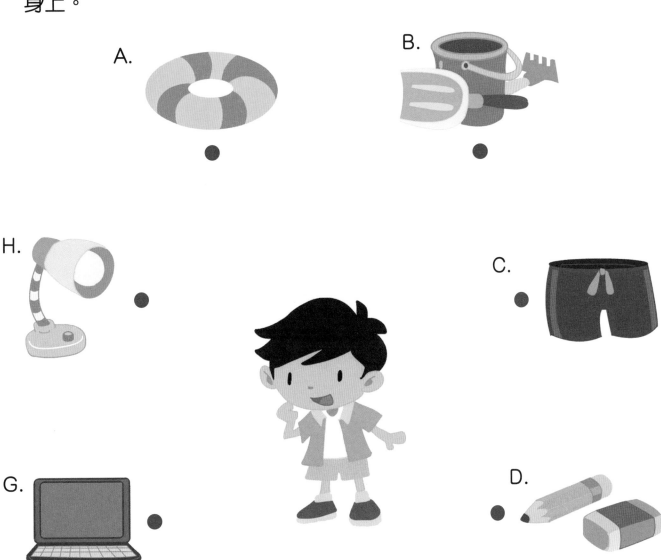

A.

B.

H.

C.

G.

D.

F.

E.

答案：A、B、C、F

7

夏天的衣物

● 今天天氣真熱，小英應穿上什麼衣物才合適呢？請把合適的衣物用線連到小英身上。

答案：A、C、F、H

消暑的食品

● 天氣熱得不得了，雪櫃裏有什麼消暑的食品呢？請把代表圖畫的英文字母圈起來。

小知識

天氣炎熱的時候，身體容易大量流汗，我們要注意多喝開水，補充身體的水分，避免中暑。

答案：A、B、E、H

9

防曬用品

進行戶外活動時，以下哪些物品能保護我們的身體免被曬傷？請把代表圖畫的英文字母圈起來。

A.

B.

C.

D.

E.

F.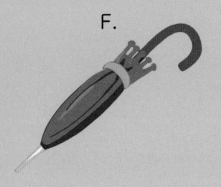

G.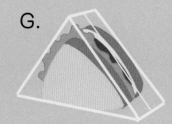

H.

答案：B、C、E、F

熱帶氣旋

● 夏季經常出現熱帶氣旋。在天文台發出 8 號熱帶氣旋警告信號時，以下哪些行為是對的？請在 ☐ 內加 ✔；做得不對的，請加 ✘。

1.

2.

3.

4.

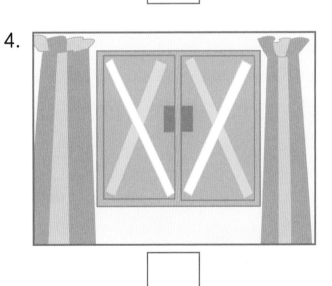

小知識

狂風暴雨可能會引發樹木倒塌、山泥傾瀉和水浸。在惡劣天氣下，我們應留在室內安全的地方，避免發生危險。

答案：1. ✔　2. ✘　3. ✘　4. ✔

11

夏天的活動

● 炎炎夏日，人們在沙灘上進行各種夏天的活動，不過當中有四處不合理的地方，請把它們圈起來。

答案：

秋天的天氣

● 秋天的天氣是怎樣的？請把正確的詞語圈起來。

潮濕

乾爽

清涼

炎熱

秋天的早晚天氣較涼，在外出時記得要帶上外套，避免着涼啊！

答案：乾爽、清涼

秋天的活動

秋高氣爽，適合進行什麼活動呢？請帶領小朋友沿着黃色的葉子 走，便知道答案了。

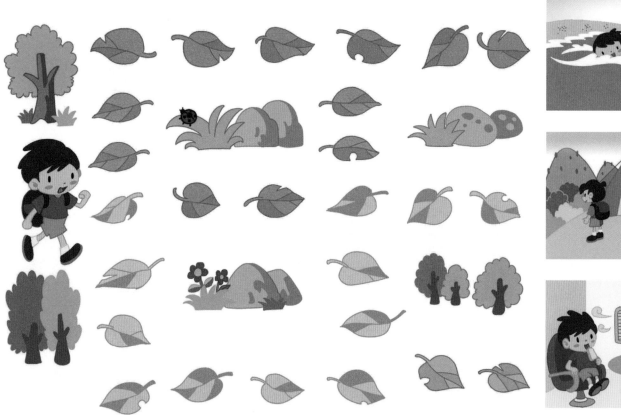

秋天天氣乾燥，樹葉開始變黃，然後從樹枝上落下來呢！

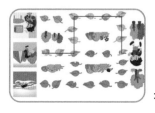

答案：

14

秋天的節日

● 下面哪些圖畫和秋天的節日有關？請把代表答案的英文字母圈起來。

A.

端午節

B.

中秋節

C.

重陽節

D.

聖誕節

在中秋節，我們可吃到很多時令水果，你最喜歡吃哪些水果呢？試說一說。

答案：B、C。（參考答案：柚子、栗子、蘋果、橙子、沙田柚等。）

15

冬天的天氣

冬天的天氣是怎樣的？請把正確的詞語圈起來。

寒冷

炎熱

潮濕

乾燥

在冬天，你最喜歡吃什麼食物來
保持身體溫暖呢？試說一說。

答案：詞彙、聆聽

保暖物品

天氣開始轉涼了，請幫媽媽把冬天的保暖物品找出來，在正確的 ☐ 內加 ✔。

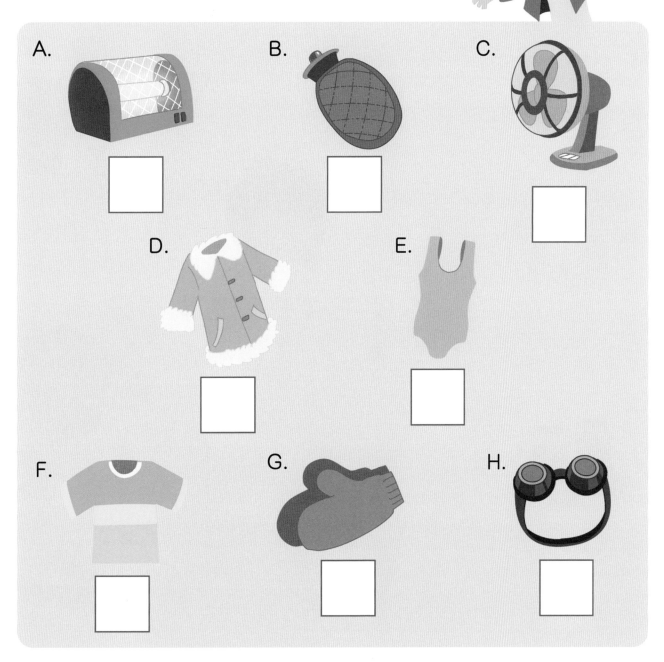

A.

B.

C.

D.

E.

F.

G.

H.

冬天的衣物

今天天氣真冷，小美應穿上什麼衣物才合適呢？請用線把合適的衣物連到小美身上。

A.

B.

C.
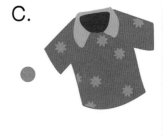

H.

D.
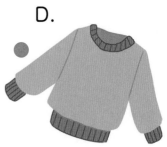

G.

F.

E.

答案：B、D、E、G、H

18

小熊找食物

● 小熊從冬眠中蘇醒過來，肚子餓得「咕嚕咕嚕」叫。請畫出正確的路線，帶小熊找到美味的蜜糖吧！

答案：

19

小螞蟻過冬

冬天快到了，小螞蟻正忙着把食物搬進食物儲存庫裏，準備過冬，可是牠迷路了。請畫出正確的路線，帶領小螞蟻到食物儲存庫。

：案答

會冬眠的動物

冬天快到了，你知道哪些動物會冬眠嗎？請把代表答案的英文字母圈起來。

答案：A、E、G、H

四季的名稱

● 請用線把圖畫和正確季節的中英名稱連起來。

1.

春

•   • Summer

2.

夏

•   • Winter

3.

秋

•   • Spring

4.

冬

•   • Autumn

四季的節日

● 小朋友，你知道這些節日是在哪個季節嗎？請用線把節日和正確的季節連起來。

1.

●　　　　　　　　　　　●　春天

2.

●　　　　　　　　　　　●　夏天

3.

●　　　　　　　　　　　●　秋天

4.

●　　　　　　　　　　　●　冬天

答案：1. 冬天 2. 春天 3. 秋天 4. 夏天

23

四季的次序

● 候鳥要飛去溫暖的南方過冬。請依提示的順序用線把白雲連起來，幫助候鳥找到正確的路線。

提示：春 → 夏 → 秋 → 冬

春	春	冬	春
冬	夏	秋	夏	秋
春	冬	冬	春	冬
夏	秋	冬	春	

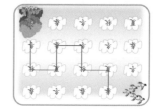

答案：

24

四季的拼圖

● 請分別用線把上下兩排圖畫連起來，組成春、夏、秋、冬四季的風景圖。

1.

2.
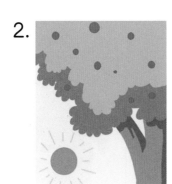

3.

4.

A.
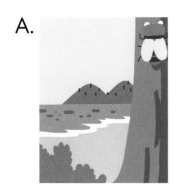

B.

C.
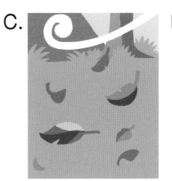

D.

答案：1.B；2.A；3.C；4.D

25

不同季節的活動

● 你能猜到這些照片是在一年中什麼時候拍攝的嗎？請根據拍攝時間的順序，把代表圖畫的英文字母填在 ☐ 內。

A.

B.

C.

D.

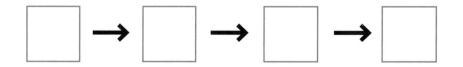

答案：B→C→D→A

26

樹木在四季中的變化

● 樹木在四季中會有不同的變化，你知道下面四幅圖中的樹木分別是在什麼季節嗎？請把代表正確季節名稱的英文字母填在適當的 ☐ 內。

> A. 春天　　B. 夏天　　C. 秋天　　D. 冬天

1.

☐

2.

☐

3.

☐

4.

☐

答案：1.C 2.B 3.D 4.A

冷和熱

● 請觀察以下各圖，把熱的物品的 ◯ 填上紅色，把冷的物品的 ◯ 填上藍色。

A.

◯

B.

◯

C.

◯

D.

◯

E.

◯

F.

◯

G.

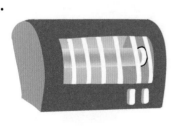

◯

H.

◯

I.

◯

答案：熱：A、C、G、H；冷：B、D、E、F、I。

28

不同的天氣

29

● 以下的天氣圖示分別代表什麼意思？請根據圖畫，圈出正確的文字。

1.

雨天
晴天
陰天

2.

晴天
陰天
雨天

3.

雨天
陰天
晴天

答案：1. 晴天 2. 陰天 3. 雨天

雨天用品

下雨天上街時應該帶備什麼？請把代表圖畫的英文字母圈起來。

A.

B.

C.

D.

E.

F.

G.

H.

答案：C、G、H

● 表姊收拾好行李準備到外地旅行。你能從她帶備的物品中猜到她將往哪兒度假嗎？請在適當的 ☐ 內加 ✔。

A.

☐

B.

☐

答案：B

31

播種和收割

● 農夫一般在什麼時候播種？什麼時候收割？請把正確的季節名稱圈起來。

1.

| 春天 |
| 夏天 |
| 秋天 |
| 冬天 |

2.

| 春天 |
| 夏天 |
| 秋天 |
| 冬天 |

答案：1. 春天 2. 秋天